CALENDRIER

du

PROPRIÉTAIRE D'ABEILLES

Indiquant

MOIS PAR MOIS LES SOINS A LEUR DONNER

D'après les meilleures Méthodes connues

PAR

M. DEBEAUVOYS

Auteur du Guide de l'Apiculteur.

ANGERS

IMPRIMERIE ET LIBRAIRIE DE LECERF FRÈRES.

—

1854.

CALENDRIER

du

PROPRIÉTAIRE D'ABEILLES

Angers. — Imprimerie Lecerf frères.

CALENDRIER

du

PROPRIÉTAIRE D'ABEILLES

Indiquant

MOIS PAR MOIS LES SOINS A LEUR DONNER

D'après les meilleures Méthodes connues

PAR

M. DEBEAUVOYS

Auteur du Guide de l'Apiculteur

ANGERS

CHEZ LECERF FRÈRES, IMPRIMEURS-LIBRAIRES.

1854.

APICULTEUR

Transvasant les Abeilles à ciel ouvert.

PROCÉDÉ DE M. DEBEAUVOYS.

AVIS DES ÉDITEURS.

Ce petit ouvrage a déjà paru mensuellement dans le *Conseiller de l'Ouest*, mais les numéros contenant chacun des articles de M. Debeauvoys, sur les soins à donner aux Abeilles, ont été épuisés si vivement, que nous avons eu la pensée de réunir ces articles en une brochure que nous offrons aujourd'hui aux propriétaires d'Abeilles comme un véritable guide, utile surtout à ceux qui, constamment livrés aux travaux de l'Agriculture, ne peuvent consacrer que fort peu d'un temps qui leur est précieux, à des lectures utiles, cependant; ils y puiseront les renseignements qui leur sont nécessaires, indispensables même, pour arriver à des résultats satisfaisants.

L'auteur, dont les travaux ont eté justement appréciés aux expositions de France et d'Angleterre, et couronnés de dix-neuf médailles depuis 1848, est inventeur d'une ruche qui a été reconnue par tous les jurys comme la plus rationnelle. Ce n'a pas été un motif pour lui d'exclure les autres ruches qui, quoique ne présentant pas les mêmes avantages que la sienne, peuvent cependant être utilisées jusqu'à ce que le temps ait amené nécessairement leur remplacement; M. Debeauvoys a su approprier à chacune d'elles tous ses procédés et les soins qu'il convient d'apporter à l'éducation des Abeilles.

INTRODUCTION.

L'abondance des matières sucrées dont l'Europe a été inondée depuis la découverte de l'Amérique ; celles que les guerres de la République et de l'Empire nous ont forcé de chercher dans nos propres végétaux, et dont on est parvenu à les extraire en si grande quantité, ont fait tomber les sucres, cassonades, mélasses, à un si bas prix, que cette matière, si utile à l'homme bien portant, si indispensable au malade, est maintenant à la portée des plus petites fortunes. Aussi les soins si bien entendus que les anciens donnaient à leurs chères abeilles, qui seules leur procuraient le miel, cette précieuse substance, sont-ils tombés dans l'oubli. Cependant le bon miel est toujours tellement recherché, qu'il reste plus cher que les meilleures cassonades, et que le médiocre, s'il était mieux fait, pourrait ne pas dépasser le prix de ces dernières.

Cette substance est non-seulement utile comme

aliment, mais elle ne peut être remplacée dans bien des cas pour la préparation d'une foule de remèdes. C'est avec elle que, dans bien des pays, on fait une boisson qui remplace fort avantageusement le vin et la bière. On en obtient même des vins très recherchés pour la table des riches, et qui imitent à s'y méprendre les meilleurs vins du midi, tel, entre autres, que celui de Lunel.

C'est encore de la digestion du miel par les abeilles que nous provient la cire. autre matière sinon aussi indispensable que le miel, mais qui ne peut être remplacée dans une foule d'arts par aucune autre substance connue jusqu'à ce jour.

Ces vérités sont si bien senties, que toutes les fois qu'un homme éclairé est venu annoncer d'importantes découvertes sur la vie des abeilles, et a fait connaître des procédés convenables pour diriger dans les soins qu'on leur doit, on s'est empressé d'adopter ses préceptes et ses enseignements. Les Réaumur, les Palteau, les Hubert, au XVIIIe siècle, ont fixé d'une manière étonnante l'attention de leurs contemporains, et les auteurs du XIXe siècle ne peuvent que les suivre dans la voie qu'ils ont si largement ouverte. Lombard, dont la pratique a produit de si heureux résultats, domine seul depuis cinquante ans. Quatre éditions de mon *Guide de l'Apiculteur* épuisées en si peu d'années, prouvent de plus en plus la nécessité vivement sentie de revenir à une culture mieux entendue des abeilles, culture qui, autrefois, faisait la fortune de certaines de nos provinces. Rennes, capitale de la Bretagne, blanchissait à elle seule cinq cent mille livres de cire, ce qui fait supposer une récolte de dix-huit millions de miel. La Corse payait aux Romains un tribut de deux cents mille livres de cire, et plus tard, elle s'acquittait de son impôt envers le pape, en fournissant tout le luminaire nécessaire à l'état ecclésiastique. La Sologne, aujourd'hui, trouve de grandes ressources dans les ruches que ses voisins y portent en pacage, et de la vente des essaims qu'ils en retirent pour remplacer ceux qui périssent.

Mais le *Guide de l'Apiculteur*, si abrégé que nous l'ayons fait, est cependant encore trop volumineux pour le plus grand nombre des propriétaires d'abeilles ; aussi, à la sollicitation d'un grand nombre d'entre eux, nous sommes-nous décidés à publier un tout petit livre qui, contenant mois par mois, les soins à donner aux mouches à miel dans n'importe quelle sorte de ruche, et suivant les meilleures méthodes connues, pût servir d'instruction

x

à celui qui n'a pas encore élevé d'abeilles, et de *memento* à celui qui en possède depuis longtemps. N'ayant rien d'exclusif, ce petit livre servira à tout le monde.

Les abeilles sont si bien connues qu'il serait inutile d'en parler ici, si certains points de leur vie n'étaient restés cependant complètement ignorés, et n'étaient la cause d'erreurs très graves.

Ainsi la reine, cette cheville ouvrière de toute la ruche, a une vie beaucoup plus prolongée que celle des ouvrières. Mais comme tous les autres êtres reproducteurs de leur espèce, elle vieillit et devient stérile; il faut donc connaître ces signes de vétusté, où elle ne peut plus produire qu'un très petit nombre d'œufs, incapables de soutenir la colonie par le peu d'abeilles qui en éclosent, pour la remplacer à propos par les moyens que nous indiquons au mois de l'essaimage. Pendant ses quatre premières années, la reine fournit quarante à cinquante mille œufs par chacune d'elles, mais à la cinquième, cette énorme production se réduit à si peu de chose qu'il faut absolument se décider à la détruire, en temps convenable cependant, car ses enfants lui portent un tel respect, qu'ils l'honorent, et la chérissent alors même qu'elle est plus infirme et complètement stérile. A cet âge, elle est devenue très petite, elle a perdu ses belles couleurs jaunes, il ne lui en reste que quelques traces aux cuisses, sous le corselet et le ventre, seule ligne qui la distingue alors des ouvrières cirières. Ses ailes, quoiqu'elle ne sorte que deux fois de la ruche, pour son mariage et pour fonder une nouvelle colonie, ses ailes, dis-je, sont frangées, usées; son aspect est terni, poussiéreux, terreux; son dos est très noir. Ce n'est pas tout, la reine est sujette à deux infirmités bien pernicieuses à la ruche. Si elle perd ses deux antennes, (deux petits corps mobiles que les abeilles portent sur la tête), elle ne sait plus trouver les cellules et laisse tomber ses œufs partout, et cause ainsi la ruine certaine de la ruche.

Cette perte des œufs a également lieu lorsque toutes les cellules sont pleines de miel, aussi, à la grande surprise des cultivateurs, les meilleures ruches qu'ils ont conservées pour passer l'hiver, sont-elles celles qui succombent le plus ordinairement; parce que les abeilles, périssant en très grand nombre dans leurs courses, ont besoin d'être sans cesse renouvelées, ce qui n'ayant lieu, la population devient trop faible, la ruche est envahie par toutes sortes d'ennemis, est pillée de fond en comble, et ne produit rien à son propriétaire.

La seconde infirmité de la reine est beaucoup plus commune, et voilà quand elle a lieu. Si, après l'essaimage, il survient un temps froid et pluvieux, la jeune reine appelée à gouverner la ruche-souche, ne peut sortir pour son mariage, et si cet état se prolonge plus de vingt jours, on est tout surpris de voir la ruche peuplée, à la fin de l'été et en automne, d'une masse d'abeilles presque exclusivement composée de mâles. Il faut, lorsqu'on s'en aperçoit à temps, détruire cette reine, pour que les abeilles s'en donnent une autre, ou la donner soi-même par les procédés que nous ferons connaitre.

Il y a de certaines ruches qui s'acharnent à jeter de nouveaux essaims, cela tient au caractère de la reine. On y met un terme en détruisant les jeunes reines, que les gardiennes préservent trop bien de la fureur de la gouvernante. L'amour des abeilles pour leur mère est tel, que lorsqu'on mêle deux essaims ayant chacun leur mère, il en résulte des combats terribles; il faut donc connaître cette circonstance pour détruire l'une d'elle avant ce mélange, qu'on appelle mariage, en donnant la préférence à la plus dorée, la plus grosse, la plus jeune.

On ne sait pas non plus assez que la reine-mère part toujours avant qu'il en éclose une autre, de sorte qu'un essaim a une vieille mère, et que la ruche dont il est sorti se trouve sous la domination d'une jeune, et cependant ce sont les vieilles ruches que l'on détruit, ce qui fait qu'à un temps donné le plus grand nombre des ruches disparaît. Nous insisterons donc pour les récoltes sur une marche toute différente à suivre.

Depuis trois mille ans, et plus, on regarde comme matière à cire, ces pelottes de couleurs si variées que les abeilles apportent à leurs pattes. Ailleurs on la considère aussi comme le pain des abeilles. Deux circonstances fort connues de tous les éducateurs d'abeilles auraient cependant dû détruire ce vieux préjugé si préjudiciable aux récoltes de cire. Ainsi, qu'une ruche soit pleine de rayons, on n'en voit pas moins les abeilles apporter, tous les ans, la même quantité de cire brute, de prétendue matière à cire, et cette quantité est énorme, puisqu'on peut l'évaluer à cent livres par an pour une bonne ruche. Si c'était la matière à cire, pourquoi les abeilles en apporteraient-elles ? Lorsque la reine est morte, qu'il n'y a plus de petits à nourrir, les abeilles, quoique très-nombreuses, cessent d'apporter cette matière, alors même que la ruche n'est pas toute remplie de rayons. — Ce n'est donc pas le pain des abeilles ; et cependant on laisse vieillir les ruches, pour qu'elles contiennent plus de matière à cire. Erreur grave, car plus le rayon est vieux, moins il produit de cire; quand, dans sa première année, il en est presqu'entièrement composé. Tout le monde sait cela, et personne n'en déduit une pratique différente de celle suivie partout.

Les abeilles se nourrissent exclusivement de miel, et c'est aux vers qu'elles donnent le pollen qu'elles apportent à leurs pattes, elles en préparent une bouillie qu'ils mangent avec avidité. Le ventre des abeilles est composé de six anneaux, qui s'entr'ouvrent facilement lorsqu'on tire une d'elles par la tête ou par le derrière. Eh bien! c'est entre ces anneaux que l'on trouve la cire, qui est une transpiration qui vient se concréter, se solidifier entre eux, et y prendre une forme analogue à celle du sac qui résulte de leur rapprochement. Lorque les abeilles bâtissent, allongez-en une comme nous venons de le dire, et vous trouverez, dans ces sacs, une toute petite écaille de cire, que l'abeille sait porter à sa bouche, humecter avec sa salive, et en former ces édifices qui font notre admiration.

J'ai cru devoir, dans cet avant-propos, faire connaître les différentes circonstances dont je viens de parler, afin qu'étant bien comprises, elles facilitent l'application des préceptes consignés dans notre Calendrier, connu déjà par la publication qu'en a faite *le Conseiller de l'Ouest*, cet excellent journal publié à Angers, sous la direction de MM. Lecerf frères, qui ont bien voulu m'admettre au nombre de leurs collaborateurs.

On trouve, à la fin de ce Calendrier, quelques idées générales sur les ruches que l'on doit préférer, et sur les plantes qu'il conviendrait de cultiver pour obtenir de bons résultats dans les pays défavorables à la culture des abeilles.

DEBEAUVOYS

CALENDRIER

du

PROPRIÉTAIRE D'ABEILLES

DES RUCHES.

Le cultivateur a bien peu de choses à faire dans les champs pendant le mois de janvier, les jours sont d'ailleurs encore très courts, souvent très mauvais, et les veillées bien longues. — Le bon abeiller profite de cette cessation des travaux pour visiter les ruches qu'il a vidées à sa dernière récolte; pour voir si elles seront en état de recevoir de nouveaux essaims. Celui qui a vendu celles qu'il jugeait avoir de trop pense à les remplacer, et se met à en faire de nouvelles.

Dans l'Anjou, dans toute la Bretagne, la plupart sont en paille, dont les torches sont liées les unes aux autres avec de longues tiges de ronces fendues et raclées de leur moëlle, et d'une partie de l'écorce ligneuse. D'autres sont faites avec de la bourdaine, de l'osier, et autres bois pliants, j'en ai même vu en sarments et recouvertes d'un enduit de terre franche, gachée avec des cendres, de la chaux, et de la fiente de vache, dans des proportions que l'habitude enseigne pour obtenir un mastic liant, facile à sécher, et susceptible d'un certain poli, avec une bonne consistance. Il est connu sous le nom de *pourget*, comme la matière qui lui ressemble beaucoup, et dont se servent les enteurs, c'est sous le nom d'onguent Saint-Fiacre.

Le plus souvent, ces ruches ont la forme d'une cloche renversée, se terminant comme elles vers la partie supérieure, où elles offrent une partie saillante ou queue ; on voit dans quelques localités des ruches qui sont saillantes ou plus larges au milieu de leur hauteur, où elles forment alors un véritable ventre, et leur ouverture est retrécie, si bien qu'il faut briser les rayons pour les en faire sortir. On rencontre dans les environs d'Angers beaucoup de ruches en boissellerie, en ce bois mince dont on se sert pour faire les seaux, ou en douves que les tonneliers lient de cercles de bois, ou de fer. Ces dernières ressemblent à des barattes ayant leur partie supérieure tronquée, et bien fermée.

Toutes ces ruches sont traversées, vers le milieu de leur hauteur, par deux baguettes qui servent à soutenir les rayons,... leur capacité est telle qu'elles contiennent un double décalitre de blé ou un peu plus. Ces ruches sont désignées en Anjou, sous le nom de *runches* à *avestes*, et aux environs de Nantes, sous celui de *bignons*, dont le contenu fait une *bignonée*. On ne sait enlever la cire et le miel de ces ruches qu'en tuant, chaque année, les abeilles d'un certain nombre d'entre elles dans lesquelles on les a laissé vivre trois ans.

Dès l'arrondissement de Beaupreau, on commence à trouver des ruches ouvertes par la partie supérieure, qu'elles soient naturelles, c'est à-dire en tronc d'arbre creusé par le temps, en paille ou en boissellerie, puis ensuite, elles sont toutes de même dans la Vendée; les Deux-Sèvres, les deux Charentes, pays où elles reçoivent le nom de *bournets*, leurs dimensions sont souvent énormes, et pour les soulever, elles sont traversées dans leur milieu par deux grosses chevilles, dont les extrémités saillantes servent à les porter. — Toute sorte de bois creux est employé pour la confection de ces ruches, qui ont toujours un mètre au moins de hauteur. On en fait beaucoup avec quatre longues planches réunies les unes aux autres par de bonnes pointes.

Ces ruches sont mises debout, et couvertes d'une simple planche. Au temps de la récolte, on penche la ruche et, avec de la fumée, on chasse les abeilles de la partie supérieure dont en enlève le miel sans les détruire.

Telles sont les formes que les ruches de l'Ouest présentent généralement, telles sont les matières dont elles sont composées. — Ces diversités de forme et de matière ne m'ont pas paru avoir la moindre influence sur le travail des abeilles, ni sur les dangers qu'elles courent aussi bien dans les unes que dans les autres, c'est-à-dire que, dans les bonnes années, les ruches sont aussi bien garnies que la richesse des fleurs de la contrée le permet, que dans les années stériles comme 1850, 1851, et 1852, elles sont aussi pauvres, et périssent en aussi grand nombre, et ni les unes, ni les autres ne permettent de porter assez efficacement des secours aux mouches, pour les soutenir ou les conserver, et aucune ne permet au bon abeiller de les délivrer de la fausse teigne, leur plus cruel ennemi.

On ne trouve des ruches à calotte, ou dites de Lombard, et de ruches à hausses, que chez un très-petit nombre d'amateurs. Les quelques avantages que présentent ces ruches n'empêchant point les plus grands inconvénients des ruches communes, elles ont été peu employées.

Nous ne pouvons, ici, donner le détail de la manière de préparer la paille et les ronces pour faire les ruches, tout le monde sait cela ; on pourrait soigner un peu mieux l'intérieur des troncs d'arbres, en les polissant à la gouge, en remplissant de bon *pourget*, les inégalités trop profondes que couvrent les vieux nœuds. Cela éviterait beaucoup de travail aux abeilles.

Nous ne devons pas non plus répéter tous les inconvénients qu'on reproche aux ruches communes ; ils sont si bien sentis que toutes les fois qu'on a proposé une ruche nouvelle qui y remédiât en tout ou en partie, elle a été accueillie avec empressement, et voilà pourquoi je vais consacrer quelques lignes à celle que j'ai fait connaître à nos diverses expositions, et dont la bonne direction permettra de donner aux abeilles des soins aussi bien entendus qu'aux autres animaux domestiques, et d'avoir d'aussi bons résultats.

La ruche à cadre n'est point une innovation qui nous

appartienne. C'est à Hubert, le maître à jamais illustre, que nous la devons. Il l'inventa, pour ses expériences, en 1787. Restées dans l'oubli, malgré tous les avantages qu'Hubert annonce que le praticien peut retirer des ruches à cadres, nous avons commencé à nous en servir, en 1840. Depuis, nous avons modifié de différentes manières ces cadres, afin de les rendre de moins en moins coûteux, et de plus en plus faciles à manipuler. Voici en quoi ils consistent : quatre simples lattes, dont deux plus longues que la ruche n'est haute, et la dépassant d'une largeur de 2 centimètres, reliées l'une à l'autre, en bas et en haut, par deux autres plus larges, et d'une longueur suffisante, pour que les deux côtés du cadre qu'elles forment, soient à 9 millimètres au moins des parois de la ruche. Ces deux dernières lattes sont clouées avec 4 pointes sur le même côté des montants, et à une distance telle des extrémités, que les liteaux , ou compartiments qui forment la partie supérieure de la ruche, ne touchent point par leur face inférieure, au bord supérieur du cadre, et en soient séparés de 5 millimètres; une traverse d'un centimètre de largeur doit-être fixée au milieu de la hauteur du cadre. Au lieu de latte, on peut se servir de bois travaillé, ce qui est plus propre, mais moins économique. Pour espacer convenablement ces cadres dans les ruches, il faut que la partie supérieure de la boîte soit composée de 7 ou 9 planchettes, ou un plus grand nombre, suivant les localités, lesquelles planchettes auront 2 centimètres au moins d'épaisseur, et 56 millimètres de largeur, sur une longueur proportionnée à la largeur de la boîte, qu'elles dépasseront, de chaque côté, de 2 centimètres, au plus. Sur un des côtés de chaque planchette, sera une entaille pour recevoir la partie supérieure du cadre, qui devra s'y cacher tout entière et y entrer commodément. La boîte s'ouvrira aux deux extrémités, ou à une seulement, dont la planche qui la ferme, pourra entrer librement dans œuvre, afin de pouvoir rétrécir la ruche en cas de besoin. Les parois latérales seront fixées sur un fond, avec de bonnes pointes, et les planchettes, munies de petits tasseaux à leurs extrémités et en dessous, empêcheront l'écartement de la partie supérieure de la boîte ; des entrées seront faites au bas et aux quatre faces de la ruche, elles auront 10 à 12 millimètres de hauteur, sur 8 à 9 de largeur ; des coulisses ou guichets, avec un trait de scie devant chaque entrée, permettront de renfermer les abeilles sans les empêcher de respirer. Chaque cadre, maintenu par sa partie supérieure, est régulièrement espacé dans l'inférieure, par la main de l'apiculteur, qui les pose le plus verticalement possible. La porte est maintenue fermée par quatre crochets, et une corde, passant sous la ruche et venant se nouer fortement en dessus, tient rapprochées les unes des autres, les planchettes que la chaleur, ou quelques mouvements, tendraient à séparer.

Ces ruches, ouvertes en devant et en arrière, n'ont pas non plus le mérite de la nouveauté, et si l'on devait regarder comme antique une ruche plutôt que l'autre, ce serait celle construite ainsi que l'on devrait regarder comme telle, puisque Columelle, né dans le premier siècle de l'Ère chrétienne, qui nous a laissé un si bon traité de l'éducation des abeilles, ne donne de préceptes que pour les ruches qui *ressemblaient* à de petites maisonnettes, s'ouvrant par devant et par derrière. Les nôtres n'en diffèrent que par les cadres que nous leur avons ajoutés. Varron, qui écrivait dans le siècle qui a précédé J.-C., dit que la forme des ruches est très-variée.

SOINS

A DONNER AUX ABEILLES

Pendant le mois de novembre.

Il ne faut pas attendre que l'hiver se fasse sentir pour donner aux ruches et aux abeilles les soins nécessaires à leur existence pendant cette longue période d'inaction qui va les reposer de leurs fatigues et de leurs labeurs.

Comme c'est en octobre que, généralement, on vend ou que l'on châtre les ruches, nous n'avons à nous occuper ici que de celles réservées pour la campagne prochaine.

Les bonnes ruches sont les seules qui résistent à nos longs et tardifs hivers, lesquels, depuis quelques années présentent des exemples de température contraire à l'ordre habituel des saisons, en quelque sorte inter-verti. Ainsi, nous avons eu des mois de janvier et février dont la température était aussi élevée qu'au mois de mai, et nous rendait témoin de précocités végétales des plus étonnantes; et bien, ces hivers sont la ruine des ruches et le désespoir du bon abeiller; aussi faut-il que les ruches soient pesantes et bien peuplées, mais il y a là encore un écueil, et l'on entend souvent dire :

« J'avais gardé mes ruches les plus lourdes et ce-
» pendant elles ont péri de bonne heure au printemps,
» ou bien les abeilles les ont abandonnées. »

Voici pourquoi les rayons de ces ruches sont depuis longtemps tout remplis de miel. La reine, n'ayant plus de place où elle puisse déposer ses œufs, la population dépérit chaque jour, n'étant point renouvelée; par suite, elle se trouve réduite à un trop petit nombre d'ouvrières pour les premiers approvisionnements, et le couvain du printemps, manquant de son indispensable aliment, le pollen périt dans les cellules d'où il est jeté par les cirières.

Alors, ou le reste des abeilles périt peu à peu, ou la reine donne le signal du départ, malgré l'abondance de miel qui peut rester. Le couvain périt encore par une autre raison, dans cette circonstance; c'est que les abeilles n'ayant pu, pendant l'hiver, manger que le miel du bas des rayons, ce couvain est saisi par les premiers froids qui le détruisent, et si la ruche ne périt pas, elle reste faible et ne donne pas d'essaim.

Il ne faut donc pas conserver de ruches trop grasses, huit à neuf kilos de miel suffisent dans nos hivers les plus doux. Ceux qui auraient de ces ruches devront enlever la partie inférieure des rayons, jusqu'au quart ou au tiers même de la hauteur. Cette opération forcera les abeilles à vider les cellules de la partie supérieure, où le nouveau couvain se trouvera dans de bonnes conditions.

Les bonnes ruches doivent rester au rucher parce que, si on les renferme, comme cela se pratique quelque part, la population, se donnant trop de chaleur, vient périr aux entrées obstruées, où elle cherche l'air qui lui manque.

Les ruches faibles en population et en provisions ne doivent pas être conservées, mais si on ne veut pas perdre celles que l'on a, il faut venir à leur secours, 1° en augmentant leur population. 2° En leur donnant des vivres. Mais, avant tout, il faut diminuer l'épaisseur des rayons descendants sur le tablier ; ils se moisissent et se dessèchent, plusieurs insectes y trouvent un abri pour l'hiver, et les abeilles n'y déposent assurément rien. Ce sont donc, comme on le disait il y a deux mille ans, des cires inutiles (*ceræ inanes*. Virg.). Cette opération a, de plus, l'avantage de donner de la place où les abeilles pourront au printemps construire de nouveaux rayons, et donner ainsi au cultivateur une plus grande quantité de cire.

Pour diminuer l'épaisseur des rayons dans les ruches fortes ou faibles, on les couche, la veille au soir, sur le tablier, les rayons posés de telle sorte

que leurs bords soient en haut et en bas; et puis,
de grand matin, armé d'un cératome, ou d'un long
couteau bien tranchant, trempé dans de l'eau bouil-
lante, on coupe les rayons à la distance convenue, en
prenant garde de trop les ébranler, dans la crainte de
les détacher. Si les abeilles, que le froid de la nuit a re-
foulées au sommet de la ruche, viennent incommoder
l'opérateur, il les repousse soit avec de la fumée de fiente
sèche de bœuf ou de vache, de chiffons, de coques de
noix, ou bien en leur lançant de l'eau froide avec un
goupillon de paille. Avant de remettre la ruche faible en
place, on met dans une assiette un demi kilog. de miel
ou de sirop de cassonade couverte de paille hachée, de
son, de sciure de bois, ou de miettes de pain pour que
les abeilles ne s'y enmiellent pas, on couvre cette assiette avec la ruche dont on butte la base de manière à
ne laisser passer que l'air nécessaire à la respiration.
On doit aussi fermer les ruches trop grasses dans la
crainte qu'elles soient pillées. Tous les deux ou trois
jours il faut renouveler les approvisionnements jusqu'à
ce qu'ils soient suffisants, et on attend encore quelques
jours, avant de rendre la liberté aux abeilles, parce que
l'odeur que cette nourriture répand, ne manque pas
d'attirer les mouches du voisinage, et de causer de
grands ravages. Lorsqu'on ne peut augmenter la population, on porte la ruche dans un grenier isolé, peu
fréquenté et très-obscur, on la pose sur un tas de blé,
n'eût-il que deux doubles décalitres, et pour faciliter le
renouvellement de l'air, on a soin de pratiquer une
certaine quantité de trous au moyen d'une vrille.

On a dit et écrit que, dans le cours de l'hiver, les ruches faibles, ainsi disposées, ne dépensaient qu'un demi-kilo ou un kilo de miel; l'an dernier, j'en ai laissé une, pendant quatre mois, dans les mêmes circonstances, et une autre, d'un poids pareil, fut laissée au jardin; elles ont autant dépensé l'une que l'autre, c'est-à-dire que quatre kilos de leur poids avaient disparu. Je ne trouvai, sous celle du grenier, que deux cent quatorze abeilles mortes; le seigle sur lequel elles étaient placées était fort humide et commençait à germer.

Si, au contraire, on a des abeilles disponibles, soit qu'on les prenne chez un voisin qui veut détruire les siennes, soit qu'on ait d'autres ruches faibles, on les transvase dans le courant de l'après midi, et le soir on les réunit à celles de la ruche la moins faible.

Les abeilles sont dans une ruche provisoire; on a dû y chercher la reine et la détruire; le soir venu, on lance de la fumée dans la ruche dont on veut augmenter la population, et lorsque celle qui l'habite est en état de bruissement, on précipite les abeilles transvasées sur un drap, on les arrose d'eau miellée, on les recouvre avec la ruche que l'on veut conserver, et le mélange se fait sans accident.

On peut ainsi mettre jusqu'à trois populations ensemble et former de très bonnes ruches, il ne faut pas craindre que cette agglomération cause une plus grande dépense de nourriture, car il est reconnu et démontré par les meilleurs praticiens, qu'une faible population dépense autant qu'une forte; voici pourquoi : Les abeilles, par leur grand nombre, se conservent à une température qui leur est indispensable, mais lorsqu'elles sont en petit nombre, il faut, pour développer cette chaleur, qu'elles mangent beaucoup.

Ainsi donc, les abeilles sont approvisionnées, leur population est refaite, nul doute qu'elles ne puissent passer l'hiver.

Le mois prochain, nous dirons les autres soins qui leur conviennent contre le froid, les neiges ou les temps pluvieux.

Les soins que nous venons d'indiquer sont pour les ruches communes, ou celles à calottes, ou bien ouvertes aux deux bouts. Celles à hausses réclament de pareils soins. On se contente d'enlever la hausse du bas et de la dépouiller des rayons qu'elle renferme.

Mais avec les ruches à cadres verticaux, les pansements, l'augmentation de la population, sont beaucoup plus aisés. Les abeilles, mises à l'état de bruissement ou complètement asphyxiées par le lycoperdon, on ouvre la ruche, on visite tous les rayons, en ayant soin d'enlever un sur deux de ceux inférieurs noircis ou inutiles, sans miel, ni couvain, ni pollen. Si la provision est exubérante, on ôte le miel des quatrième et sixième cadres, qu'on replace tout vides, puis on remet la ruche où elle doit être. Si, au contraire, il y a faute de subsistance, les cadres chargés de miel en surabondance, et enlevés des bonnes ruches, sont mis dans les faibles à la place de ceux dont les rayons sont défectueux, et voilà une ruche pansée, approvisionnée sans aucun travail de la part des abeilles.

Si la population est faible, nous avons dû l'augmenter dans un autre temps, mais enfin, si elle s'était affaiblie, on se procurerait des abeilles, soit d'une autre ruche faible, soit d'une ruche destinée à l'asphyxie, et on les mêlerait par le même procédé que ci-dessus, c'est-à-dire qu'après avoir endormi les abeilles de la ruche que l'on conserve , on l'ouvre et on présente les cadres de celle qu'on détruit ; les abeilles qui les couvrent sont chassées par quelques petits coups que l'on frappe sur le cadre, ou à l'aide d'une plume ; elles vont se loger sur les rayons où elles sont bien accueillies, si, surtout, on a eu le soin indispensable de détruire leur reine. A leur réveil, les domiciliaires les flairent, pompent l'eau miellée qui les couvre et les accueillent gracieusement.

Voir pour les procédés du transvasement des ruches communes, le *Guide de l'Apiculteur,* quatrième édition, page 211.

SOINS

A DONNER AUX ABEILLES

Pendant les mois de décembre
et janvier.

Les mois de décembre et de janvier se ressemblent tellement par leur température, qu'il est tout à fait inutile de faire des prescriptions isolées pour les soins à donner aux abeilles pendant chacun d'eux.

C'est le temps des froids les plus intenses, et non pas les plus malencontreux ; car une froidure constante, quoique très élevée, est tellement loin de nuire aux abeilles, qu'on a toujours observé qu'elles se conservaient bien pendant les hivers rigoureux. Dans notre pays, les ruches sont faites de bois si mince, qu'il serait dangereux de ne pas les abriter, les couvrir.

Le moyen le plus ordinaire est un surtout en paille de seigle. Une botte de 6 à 8 kilogrammes, fortement liée à **20** centimètres d'une de ces extrémités ou divisée du côté des épis, et tressée en un seul faisceau, est posée sur le sommet de la ruche, qui, écartant les pailles tout autour d'elle, lui donne un bon abri; une corde, un cercle, un osier, en serrant la paille contre la ruche, rendent encore cet abri plus efficace. Ce surtout doit descendre un peu au dessous des entrées, de manière à empêcher la lumière d'y pénétrer, cependant sans empêcher l'air d'y circuler. Une torche de foin ou de paille, entourant la ruche, du haut en bas, la tient aussi chaude qu'il faut, en ayant soin, surtout, de couvrir la partie supérieure de quelques poignées de paille recouverte d'une pierre ou d'une bonne planche.

Les ruches en paille, celles en bourdaine ou osier, recouvertes d'un bon enduit, n'ont pas besoin d'être aussi bien abritées, car, s'il faut garantir les abeilles contre un froid trop rigoureux, il faut cependant prendre garde de les tenir trop chaudement. La chaleur les provoquant au mouvement, et excitant leur appétit. Les ruches en menuiserie, dont les parois ont deux à trois centimètres, n'ont besoin d'autre surtout que cette planche que l'on met dessus, pour empêcher l'eau ou la neige de pénétrer à son intérieur. Néanmoins, on met assez avantageusement de la paille ou quelques corps secs, entre cette planche et le dessus de la ruche. Cette précaution est surtout indispensable, si la couverture est en zinc, lequel étant bon conducteur du calorique, enlèverait toute la chaleur des abeilles. On a fait des plaques plus ou moins ingénieuses pour , suivant les temps, empêcher les abeilles de sortir et ne leur laisser que le passage nécessaire à l'air dont elles ont si grand besoin, mais elles sont tout à fait inutiles, applicables, d'ailleurs, par le seul amateur, possesseur de quelques ruches. Il n'y a pas de risque que les abeilles sortent par un froid trop vif, et il y en a beaucoup à ce que l'air ne se renouvelle pas dans l'intérieur de la ruche; et puis, vienne un moment plus doux, elles profitent des passages qu'on leur laisse pour porter dehors les cadavres de celles qui sont mortes, aussi, pendant les neiges, voit-on les environs de la ruche couverts de cadavres, non pas d'abeilles qui sont mortes pour être sorties, mais de cadavres qui les gênaient beaucoup. On se contentera donc de rétrécir l'entrée, ou de diminuer le nombre de celles qui existent. Seulement, pour que les abeilles ne soient pas séduites par quelques beaux rayons de soleil qui viennent de temps à autre, on interceptera leur éclat par une tuile, une planche, une ardoise, et on ne laissera d'ouvertes que celles du nord. Si l'on s'apercevait que les souris fréquentassent les ruches, on tendrait des piéges pour les prendre, ou bien on placerait les ruches sur une large pierre ou planche, soutenue par des pieux qu'elle déborderait de telle sorte, que les souris ne pussent y monter.

Si au lieu d'être froids, ces mois sont pluvieux, on devra soulever les ruches sur des cales, pendant les quelques beaux jours qui pourront se présenter , afin de dissiper l'humidité, et au lieu de ne laisser libres que les entrées de nos ruches exposées au nord, on les ouvrira toutes.

Les anciens faisaient dans cette occurence de fréquentes fumigations avec des résines, et particulièrement celles connues sous le nom de *Galbanum*, nous les croyons fort convenables. On les pratique le soir ou le matin, en répandant ces résines sur des charbons et en suspendant la ruche au-dessus de la fumée, ou bien à l'aide de l'enfumoir que nous avons fait figurer dans la planche de la quatrième édition du guide de l'Apiculteur; répétées de temps à autre, elles réchauffent la ruche, sèchent les rayons et les aromatisent de manière à prévenir les moisissures.

Les ruches qui viendraient à périr pendant cette saison seront nettoyées des mouches qui sont restées sur les rayons; puis, renfermées par une serpillière, ou leurs entrées bien fermées, elles seront mises dans un lieu sec pour en faire tel usage que nous dirons plus tard. Tout le temps que durent les pluies, la température étant douce, il faut surveiller le poids et voir si la consommation ne dépasse pas les prévisions, afin de nourrir à propos sans attendre que les abeilles exténuées, ne puissent plus profiter des secours qu'on leur donne.

SOINS

A DONNER AUX ABEILLES

Pendant le mois de février

———

Le mois de février est ordinairement compris dans les quatre mois qui composent la période dite de l'hivernage, et si vos hivers étaient réguliers, et partout les mêmes, on pourrait ne pas s'occuper des ruches. Mais, dans cette partie de l'ouest de la France que nous occupons, la température printanière commence souvent dès ce mois, quitte à céder, plus tard, la place à un nouvel hiver, hiver tardif et des plus intempestifs. L'apiculteur visitera donc son rucher, et donnera la plus grande attention à ses ruches faibles, dont il a été obligé d'augmenter la population, et à laquelle il a ajouté quelques vivres. Il profitera d'une matinée un peu fraîche, soulèvera doucement ses ruches, pour apprécier leur état par leur poids, et les renversera pour voir la population, et chasser les ennemis qui auraient pu y prendre domicile. Ainsi, un de mes voisins, n'ayant pas eu le soin de rétrécir l'entrée de sa ruche antique, en a trouvé, un de ces jours derniers, le tablier tout couvert de cadavres dont la tête seule avait été enlevée. Il était pénétré des singuliers rapports qui lui paraissaient exister entre les mœurs de ce peuple industrieux, et celles de certains peuples : il se figurait que le roi s'était mis en colère, et avait fait trancher la tête à tous ses sujets; ou bien qu'un voisin, plus puissant, ayant envahi son empire, avait commis cette barbare exécution, ou bien encore il expliquait cette calamité par l'anarchie qui serait survenue parmi ses chères abeilles, car c'est ainsi qu'il raisonnait en me disant son chagrin..... Je me rends à son jardin, nous renversons la ruche, nous la frappons, et il en sort une charmante musaraigne dite *miserite*, qui s'était fait un gentil gîte dans le plus haut de la ruche, et attendait là, chaudement, que les beaux jours lui permissent de courir la campagne. C'est un fait fort singulier que les mulots, souris, musaraignes, campagnols, lorsqu'ils envahissent une ruche, ne mangent que la tête et le corselet des abeilles.

Mais on ne remuera la ruche que le moins possible, car tout mouvement excite les abeilles à prendre des vivres.

Pour ceux qui ont des ruches à cadres, ils profiteront, au contraire, d'un beau jour, comme celui que nous

avons eu le 4 janvier, et, à midi, ils ouvriront doucement la porte de la ruche, et si les deux ou trois premiers rayons sont vides, ils les emporteront à la mai-
son pour en remplir les cellules de nouveau miel, ou
d'un sirop épaissi par quelque farine de fèves ou autre ;
puis, avant le soir, il la remettront en place. Les ruches
communes seront pansées par les moyens ordinaires,
car, bien que les amandiers fleurissent, c'est une faible
ressource, du moins, dans notre pays, à moins d'un
temps très propice, puisque la moindre gelée, venant à
détruire la partie de la fleur qui doit former le fruit,
les abeilles ne trouveront plus de miel dans ces fleurs.
Il ne faut nullement compter sur les chatons des noise-
tiers, bouleaux et autres, ces fleurs, n'ayant que des
étamines, ne donnent point de miel, et le pollen est
pour lors à peu près inutile. Il va sans dire qu'on aura
balayé le support de la ruche, et que, s'il est humide,
on tiendra la ruche soulevée sur quelques cales, ou bien,
pour remédier au même inconvénient, s'il survient
dans les ruches à cadres, on lèvera toutes les trappes.
Mais la précaution la plus importante est de bien garantir les ruches des ardeurs, et de la brillante clarté
du soleil, elles provoquent les abeilles à faire des excursions qui les affament.

Les bonnes ruches sont les seules que l'on puisse
transporter à leur nouvelle destination, car les com-
motions du voyage excitent les abeilles, elles se donnent
du mouvement, s'échauffent, mangent, et comme il
n'y a pas encore de fleurs, les ruches faibles ne peuvent réparer leur perte, ce qui cause leur ruine.

Sur la fin du mois, on redoublera d'attention, on augmentera la nourriture ; on aérera pendant les beaux jours, car l'humidité est on ne peut plus pernicieuse ; quelques fumigations, avec des résines aromatiques, produiront le meilleur effet.

SOINS

A DONNER AUX ABEILLES,

Pendant le mois de mars.

———

Pour ceux qui pensent aujourd'hui qu'il faut un peu abandonner les abeilles à la grâce de Dieu, les préceptes, que nous consignons dans notre calendrier, paraîtront sans doute minutieux, mais qu'on le sache donc bien, s'il y a maintenant si peu d'abeilles, c'est que l'oubli des soins qu'on leur doit en est en partie cause. Ces soins, autrefois, étaient de tous les jours, écoutez Ollivier de Serres. « Ce mesnage, dit-il, est profitable, « moyennant que, par soins continuels, l'on pourvoie « aux nécessités de ces bestioles, lesquelles ne peuvent « souffrir la négligence de leur gouverneur qu'avec « apparent danger de leur ruine. »

Dans les années ordinaires , ce n'est vraiment qu'en mars que la culture des abeilles commence, et c'est des premiers soins bien entendus, qu'on leur donne à cette époque, que dépend le sort de la campagne qui va s'ouvrir.

Nous avons fait sentir que deux conditions importantes décidaient de la conservation des abeilles, pendant l'hiver, savoir : Une nombreuse population et des vivres en quantité raisonnable, comme deux livres par mois, par exemple, et non pas une livre et un quart, ou deux livres tout au plus, pour tout l'hiver, comme tant d'auteurs l'ont écrit; eh bien, cette quantité de nourriture devient encore plus urgente au mois de mars. Effectivement, la ponte est commencée, il y a bien des bouches à nourrir, et la campagne offre plus de plantes à étamines que de plantes à miel. Par un hiver comme celui que nous traversons, on a déjà dû faire une première visite aux ruches, et on a dû déjà venir aux secours de quelques-unes. En effet, ces pauvres abeilles, trompées par une chaleur prématurée, se sont mises en mouvement, ont excité leur appétit, et, n'ayant rien trouvé dehors, elles rentrent et dévorent les provisions qui devaient les conduire jusqu'au temps propice à leurs excursions. Vos lauriers sont couverts de fleurs, les romarins et les mahonias en ont déjà quelques-unes, vos violettes embaument les jardins, la bourrache jette de nouvelles fleurs, les amandiers en sont tout couverts, les abeilles se précipitent à l'envi sur ces fleurs précoces; mais, sachez-le bien, un peu de pluie, et les *giboulées*, si fréquentes dans ce mois, lavent le miel que ces fleurs présentent dans leur gracieuse corolle ; la gelée va détruire les pistils , couverts de cette précieuse substance , et les grandes nectarifères qui la produisent ; les abeilles ne trouveront donc plus rien , fûssiez-vous dans ces superbes chouillères de la Vendée. Vainement, les arbres à chatons les présenteront-ils tout couverts de poussière, et flottant si élégamment au gré des vents ; si les abeilles ne trouvent pas de miel, elles négligeront ces abondantes ressources qui, seules, ne peuvent servir à leurs chers nourrissons.

Trompés vous mêmes par cette réjouissante végétation, et par quelque peu de provisions que vous les aurez vu amasser , vous laisserez, plein de confiance, vos ruches avec ces nouvelles ressources, et, s'il survient du mauvais temps pour quelques jours ou quelques semaines, comme on ne le voit que trop souvent, vos abeilles, dont l'appétit a été réveillé par de nouveaux aliments et un exercice prématuré, dévoreront en très-peu de temps tout ce qu'elles possèdent , et périront au moment où elles faisaient tout votre espoir.

Pansez-les donc, nonobstant ces trop précoces apparences ; que les rayons vides soient remplis de deux ou trois kilogrammes de miel commun, délayé avec du vin vieux, que ces nouvelles provisions soient placées au centre de la ruche, dans le haut des rayons. Si les bonnes ruches que vous avez conservées n'ont pas trop dépensé, vous en retirez quelques cadres bien pleins que vous mettez à la place des vides que vous ôtez de la ruche que vous pansez, ce qui rend le pillage moins à craindre. Ceux qui ont des ruches Lombard ou à Calotte, ont dû, comme leur maître le prescrit si sagement, en garder quelques-unes, et c'est alors qu'il en fait un bon usage en en recouvrant les ruches pauvres; de même avec les ruches à hausses, si toutefois il en existe. Pour les grands *bournels* du centre de l'Ouest, le pansement se fera aussi par la partie supérieure, en appuyant au-dessus des edifices quelque bornal, comme on disait autrefois, ou gâteau conservé de la dernière récolte, et bien garni de miel, et à leur défaut, on mettra dans un sac de toile assez serré, deux ou trois kilos de miel, qu'on humectera de temps en temps, pour que les abeilles puissent plus facilement prendre leur nourriture. Les ruches communes seront pansées par dessous, dans des plats assez grands pour contenir de suite tout ce dont elles ont besoin, et couverts de paille hachée menue, ou mieux, d'une couche assez épaisse de sciure de bois. Lorsqu'on ouvre les ruches pour mettre la nourriture, il faut se retirer loin du rucher, et surtout dans un cabinet laboratoire bien clos et obsur, car l'odeur du miel attire puissamment les abeilles, qui, en se précipitant dans les ruches, emporteraient tout.

SOINS

A DONNER AUX ABEILLES

Pendant le mois d'avril.

Les parties de l'Ouest que nous habitons, et celles où les cultures sont infiniment variées, celles particulièrement où les choux, les colzas, sont cultivés sur une certaine étendue de terrain, réclament des propriétaires d'abeilles une surveillance toute particulière, surtout vers la fin de ce mois. Quant aux contrées où les landes et les bois dominent avec la culture du sarrasin, les pansements, la destruction des fausses teignes, la propreté des ruches, sont des soins indispensables qu'il ne faut pas négliger.

Si le temps est favorable, la reine continue sa ponte déjà commencée, et qui devient de plus en plus abondante. Les abeilles augmentent en nombre, recherchent de tous côtés les matériaux convenables aux larves et à la reine-mère. Les provisions de miel disparaissent au fur et à mesure qu'elles arrivent. Le pollen, cette poussière des étamines, si malheureusement regardée comme *la cire brute*, si bien nommée dans les pays bas, le pain des abeilles, n'est pas enmagasiné, il n'est que déposé dans les cellules où on le trouve par pelottes telles que les abeilles l'y déposent pour être de suite mélangé au miel et faire la pâtée des vers.

Dans les premières contrées dont nous venons de parler, la population grandit si rapidement que, vers la fin du mois, on voit des mâles, des cellules et du couvain royal, et rien n'empêche alors de procéder à la formation des essaims, si le temps paraît fixé au beau ; et déjà il faut surveiller les essaims précoces qui pourraient bien échapper. La consommation du miel est prodigieuse, et demande un peu de surveillance, car, s'il venait à manquer, ou si les fleurs, surprises par un mauvais temps, n'en fournissaient pas, la ruche courrait les plus grands dangers, et les belles espérances d'un prochain essaim disparaîtraient. Il faut donc, dans les mauvais jours, pourvoir à la nourriture des abeilles.

Les ruches faibles qui, malgré tous les soins, ne se seraient pas ravitaillées et viendraient à périr, seraient visitées à leur intérieur, pour voir si la teigne n'y commence point déjà ses ravages, pour en nettoyer les gâteaux, en en retranchant les parties moisies. Leur siége, bien nettoyé, et frotté, si l'on veut, avec des plantes aromatiques ; on remettra les ruches en place avec tout autant de soins que si elles contenaient encore des abeilles.

On placera aussi, vers la fin de ce mois, les ruches mortes dans le cours de l'hiver et conservées à cet effet, car il est démontré que, le plus souvent, les essaims ne cherchent pas d'autre gîte ; aussi est-ce une pratique recommandée dans l'antiquité même, et par la plupart des auteurs modernes. Vers l'année 1812, un auteur, grandement ignorant en histoire naturelle, et fort mauvais observateur de ce qui se passe dans les gâteaux, proclama avec emphase, la découverte de la résurrection des essaims, affirmant que, de ces ruches mortes, exposées au soleil de juin, sortaient de vigoureux essaims, amassant d'abondantes provisions ; comme si les œufs des abeilles se conservaient plus de 5 jours, à l'instar de ceux des papillons, des vers à soie. La simple inspection des rayons suffit à ses contemporains pour le convaincre de son erreur. Aussi, les connaissances, à ce sujet, sont-elles trop répandues pour qu'on ajoute foi à une pareille assertion.

Il faut, pendant ce mois, donner de la place aux abeilles, au fur et à mesure qu'elles avancent leurs travaux, ne pas attendre que les rayons touchent au siége, pour exhausser les ruches anciennes, et donner des hausses à celles qui en sont composées ; si la population était tellement abondante qu'il y ait possibilité de la partager ; si parmi les abeilles, sortent des mâles ; si, la ruche renversée, on voit des cellules royales sur les côtés des rayons; si, enfin, le pays est riche en fleurs et le temps superbe, on procède à la formation des essaims.

Il y a 80 ans, cette pratique était commune dans les pays bas, et donnait lieu à une distribution de prix accordés aux meilleurs mémoires sur cette matière, par l'Académie de Bruxelles.

La formation des essaims forcés est des plus simples. Lorsqu'une ruche réunit toutes les conditions ci-dessus énumérées, on transporte la ruche à l'ombre, le soir, vers 5 heures, ou le matin avant leur départ, ou bien encore, à midi, lorsqu'il y a beaucoup de mâles; on la renverse entre les barreaux d'une chaise, si son sommet est arrondi, puis, apposant le bord de l'embouchure d'une ruche vide, pour former, avec la pleine, un angle assez ouvert pour permettre de voir passer les abeilles, on frappe sur la ruche renversée, et les abeilles la quittent rapidement en marchant vers le point de jonction pour aller se fixer au sommet de la ruche vide. On fait la plus grande attention à leur passage, pour découvrir la reine, ce qui permet de se retirer quand la population de l'essaim forcé paraît assez forte et avoir atteint à peu près les deux tiers de la ruche qui l'a formée. Alors, on renferme l'essaim avec une toile claire, et on l'emporte au loin, à un autre rucher, où on le laisse deux jours au moins sans sortir; la ruche mère est remise en place, et doit être surveillée, afin de l'empêcher d'essaimer. Les ruches à hausses seront partagées, en laissant les hausses les plus faibles à la vieille place.

Au mois de mai nous donnerons l'essaimage forcé avec nos ruches, et l'essaimage artificiel.

SOINS

A DONNER AUX ABEILLES

Pendant le mois de mai.

Le mois de mai doit être, tout entier, consacré à l'essaimage, soit qu'on attende les essaims qui se produisent naturellement, soit qu'on provoque leur sortie, soit enfin qu'on l'empêche. Tout en guettant ceux qui ont menacé de sortir vers la fin d'avril, on a peut-être observé quelques ruches moins vives que les autres, on a dû les considérer avec attention; si les abeilles qui reviennent des champs n'apportent rien à leurs pattes, il ne faut pas différer de faire une visite à leur intérieur pour reconnaître la cause de cette langueur. Elle tient le plus ordinairement, à cette époque, à l'absence de la reine. Elle est mortelle comme les autres abeilles, et nous avons acquis, dans les nombreux trans-vasements que nous avons faits, plus d'une preuve que cela arrivait assez souvent. On renverse donc, vers l'heure de midi, la ruche commune; on y fait pénétrer le plus de lumière possible; on écarte les rayóns, et si l'on ne voit point de couvercles bombés sur les cellules, nul doute que la reine ne soit morte; si ces couvercles sont en petit nombre, c'est que la reine est vieille ou malade, et il faut, dans ces deux cas, en donner une nouvelle ou les élémens propres à ce que les abei¹ les en obtiennent une autre. — Remettant la ruche à s₁ place, on fait la même visite à celle des ruches qui es¹ la plus vive, et qui menace d'essaimer, ou qui l'a fait déjà. Si on aperçoit une cellule royale, on la détache avec le cératome, en lui laissant une certaine portion du rayon dont on la détache, puis, armé d'une longue épine, qui traverse cette portion de rayon, on l'attache sur les parois, ou mieux, sur les rayons de la ruche veuve de la reine. S'il n'y a pas de cellule royale, il faut prendre une large portion de rayon dans les cel-lules duquel seront probablement de ce couvain d'ou-vrières, dont les abeilles savent former des reines, et, coupant une portion égale d'un des rayons du milieu de la ruche qu'on veut ravitailler, on y pose la portion de rayon chargée de couvain, qu'on maintient, dans l'un et l'autre cas, par une planchette arcboutée aux deux côtés de la ruche.

Dans les longues ruches de la Vendée, des Deux-Sèvres, des Charentes, où on a la mauvaise habitude de ne pas enlever la cire inférieure, on peut mettre cet élément royal par en haut, où il y a toujours du vide. Avec les ruches Lombard, ce sera dans la calotte qu'on le mettra, et les ruches à hausses seront divisées de telle sorte que l'on prendra, dans les bonnes, la troisième hausse en descendant, pour la mettre à la place de celle du même numéro de la ruche malade.

Tout cela, comme on le voit, se fait un peu en tâtonnant, et je ne sais même comment, dans les bournets, on pourrait le faire. Combien, cependant, de ruches s'éteignent par ces deux causes, sans qu'on le sache. Avec les ruches à cadres, rien de plus facile que de remplacer une reine défunte ou de donner aux abeilles le moyen de s'en procurer une nouvelle ; on agit à coup sûr et immanquablement : Le cadre qui porte un rayon chargé de couvain convenable, est mis au milieu de la ruche défectueuse, à la place d'un autre cadre qu'on met dans la ruche d'où l'on vient d'ôter ce rayon contenant l'élément royal.

Cependant on ne doit faire ce ravitaillement que pour les ruches dont la population est encore assez nombreuse, sans quoi on perdrait son temps. Il ne faut aussi agir que lorsqu'il y a des mâles, ou des portions de rayons chargés de leur couvain, que l'on met en même temps que l'élément royal.

Pour les ruches qui menacent d'essaimer, il faut les surveiller de près, pendant tout le mois, et plus encore. On a tendu des ruches de tous les côtés, on les parfume en les frottant de feuilles de mélisse, ou même de l'essence de cette plante, ou bien encore on les frotte avec des boules faites d'un mélange, par parties égales, de cire et de propolis. Si l'on est dans un pays de plaine, on fixe des fagots au haut de perches et au devant du rucher, et les abeilles peuvent s'y fixer. S'il existe des arbres creux, on en bouche toutes les entrées de peur que les essaims aillent s'y établir.

Comme tout ces soins sont loin d'être efficaces, que l'on y perd beaucoup de temps, on fera bien de se déterminer à former les essaims soi-même, la veille ou l'avant veille de leur départ présumé. Nous avons vu qu'on pouvait le faire avec les ruches de toutes sortes, mais cependant d'une manière plus ou moins sûre. Avec nos ruches, ou tout autre qui permet de voir les deux faces de tous les rayons, on agit avec plus de certitude. A midi on s'empare de la reine, qu'on met sous verre avec nombre d'abeilles, et à l'ombre, puis, le soir venu, c'est-à-dire vers 5 à 6 heures, au plus tard, on partage les rayons dans deux ruches, laissant le couvain royal dans celle qui reste en place, et on emporte l'autre au loin avec la reine. On la tient, ainsi que sa population, bien renfermée et à l'ombre, pendant 2 ou 3 jours.

Quand on a des ruches très-fortes qui n'élèvent pas de jeunes reines, on les partage en donnant du couvain convenable à celle qui ne garde pas la reine. Enfin, si on ne veut pas augmenter son rucher, on arrache les cellules royales d'où sortiraient de jeunes reines, pour remplacer celle qui part.

SOINS

A DONNER AUX ABEILLES

Pendant le mois de juin.

————

Bien que vous ayez formé vos essaims dans le mois précédent et que vous ayez reçu ceux qui sortent naturellement, il arrive souvent que, dans le mois de juin, certaines ruches en jettent encore ; et si le mois d'avril a été froid, sec, et les commencements de mai peu favorables au développement des jeunes abeilles, la jetée des essaims peut être remise jusqu'à ce mois, soit aussi que les premiers puissent eux-mêmes en jeter ; dans notre contrée ils sont connus sous le nom de reparons, rejetons : nous en avons expliqué, dans le guide, la possibilité, la formation. Le bon abeiller surveillera donc son rucher, dans le but de suivre ou de recevoir les essaims tardifs, d'en extraire encore de certaines ruches, d'une abondance remarquable en population; ou bien, s'il en a obtenu ce qu'il désirait en avoir, ce que sa contrée peut en nourrir, il s'opposera à la sortie de ceux qui tenteraient encore de se produire; car étant composés pour la plupart de jeunes abeilles, ils sont sujets alors, même lorsqu'ils sont très-forts, à ne pas réussir. Les fleurs ne sont déjà plus aussi nombreuses, et le soleil est plus ardent. Ces jeunes abeilles, peu aguerries, ne résistent pas aussi bien aux fatigues indispensables à l'approvisionnement de la ruche. Les reparons ne réussissent même jamais ; conduits par une vielle reine qui pond peu, la population n'augmente pas, et ils périssent de bonne heure.

Bien des moyens ont été indiqués pour empêcher la sortie des essaims, il n'y en a qu'un vraiment efficace, c'est la destruction des cellules royales qui est très facile dans les ruches à compartiments verticaux, et qui se peut assez bien faire dans la ruche en cloche, mais qui est à peu près impossible dans les longues ruches ou dans celles à divisions horizontales. Si donc ces sortes de ruches en jettent malgré tout, s'il en tombe sur votre propriété, vous les recueillerez par les moyens ordinaires et vous les réunirez, soit à de faibles ruches, soit à d'autres essaims faibles que vous aurez déjà reçus, ou bien encore vous les rendrez à leur mère.

Nous n'avions pas cru devoir indiquer les procédés à suivre pour recevoir les essaims, tout le monde les connaît, cependant nous avons vu cette opération si mal pratiquée que nous ne pouvons nous dispenser d'indiquer une meilleure méthode que celle généralement suivie. Lorsque l'essaim est bien assis, ne le laissez à sa place que tout juste le temps de vous procurer une ruche, un vaisseau quelconque pour le recevoir. Dussiez-vous, si vous êtes loin de votre habitation, faire un sac de votre chemise pour le serrer dedans. S'il est suspendu a une branche, vous tenez, au-dessous, le vaisseau dans lequel vous voulez le recevoir, puis imprimant une forte secousse, vous l'y faite tomber. S'il est dans des broussailles, le long d'un mur, d'un arbre ou dans toute autre position semblable, vous attachez votre ruche au-dessus, et aspergeant d'eau froide les abeilles, vous les forcez de quitter la place et de se mettre à l'abri. L'essaim réuni, vous le portez un quart-d'heure, ou une demi-heure après, à la place que vous lui avez destinée, car vous devez savoir que les abeilles ont envoyé chercher un gîte convenable, et que si les messagers, maréchaux des logis, comme on les appelle, les retrouvaient, ils ne manqueraient pas de les entraîner. Si l'essaim vient à entrer dans une cheminée, dans un arbre creux largement ouvert, vous descendez jusqu'à la place qu'il occupe un rameau de buis ou autre bois très feuillu, vous le tournez légèrement dans la masse, les abeilles s'y attachent en plus ou moins grand nombre et vous les placez sous une ruche, avec une seconde, une troisième branche, vous amenez le reste, et si vous avez été assez heureux pour avoir pris la reine dès le premier tour, les abeilles arrivent promptement d'elles-mêmes, soit en volant, soit par un moyen quelconque, un bâton, par exemple, dont un bout sera au point où l'essaim s'est attaché, et l'autre à la ruche où est la reine, les abeilles suivront ce sentier sans se donner la peine de voler.

On a si peu l'usage dans l'ouest de la France de marier les essaims, de les rendre à leur mère, qu'il est à propos d'indiquer ici les procédés à suivre. L'essaim reçu, vous le tenez renfermé par un linge clair, une serpillère, un canevas, et vous le portez à l'ombre. Le soir, à la fraîcheur venue, vous étendez un drap par terre, vous y posez la ruche où vous voulez la mettre, vous en soulevez les bords par des cales, et puis, ôtant le linge qui tenait les abeilles renfermées, vous faites tomber par une rude secousse toutes les abeilles sur ce drap, et à certaine distance de la ruche ; puis avec un petit balai trempé dans de l'eau miellée vous les aspergez avant qu'elles n'entrent dans la ruche; ces gouttelettes les font bien recevoir, et il ne résulte aucun combat de ce mélange, si surtout, vous pouvez vous emparer de la reine et la tuer — vous devez la rechercher quand c'est un reparon que vous voulez mêler ou marier, parce qu'il est conduit par une vieille reine. Il ne faut point attendre l'arrière saison pour cette opération, parce que ne pouvant, dans les ruches communes, réunir les travaux des essaims faibles, ils seraient en pure perte.

S'il survient des mauvais temps, trop secs où trop pluvieux, il faut panser les essaims avec toutes les précautions voulues.

C'est dans le mois de juin que l'on voit le plus de ces papillons qui engendrent la fausse teigne; le jour, il faut les chercher sous le tablier; dans les surtouts, ils y restent tranquilles et comme applatis sur les parois où ils se sont fixés; on les écrase. Le soir on les prend à la lumière d'une chandelle mise en arrière des ruches dans un pot largement ouvert, dans lequel ils s'introduisent et se brûlent les ailes. — Il ne faut pas effaroucher les chauves-souris, elles en détruisent un grand nombre.

SOINS

A DONNER AUX ABEILLES

Pendant le mois de juillet.

Quand la saison a été précoce, on peut et on doit même, dès la fin du mois de juin, récolter quelque peu de miel, soit pour l'avoir dans toute sa bonté, dans sa plus grande saveur, soit pour faire de la place à de nouvelles provisions qui se trouvent encore. Mais la précocité des printemps est bien rare depuis quelques années, et ce n'est guère qu'en juillet que l'on peut faire cette première récolte. Elle est facile dans les ruches à compartiments verticaux, où l'on sait ce que l'on fait ou ce que l'on peut faire, mais elle tient un

peu du hasard avec les ruches à calotte, qui quelquefois ne contiennent de miel que dans cette partie, parce
qu'en l'enlevant, on ôte aux abeilles toutes leurs ressources, si le temps ne devient pas favorable. C'est
vraiment dommage, car cette opération est bien facile
à faire, du moins dans les ruches qui sont faites comme
dans les environs de Paris. Le plus tôt n'est donc pas
toujours le meilleur dans cette opération, à laquelle on
procède ainsi :

Le cabochon, ou calotte, étant enlevé, on le remplace
par un autre, et, portant celui-ci dans un lieu sombre,
dont on laisse la porte entr'ouverte, on tient le cabochon renversé, et les abeilles qui s'y trouvent s'en-
fuient vers leur ruche. Lorsqu'elles sont toutes, ou à
peu près toutes parties, on ôte les rayons, qu'on met
dans un plat vernissé, bien recouvert, de crainte du
pillage. Dans les ruches à ouverture supérieure et
longues, on chasse les abeilles vers la base, et, avec un
fer recourbé, on châtre la partie supérieure des rayons;
mais si la ruche n'est pas haute, on la couvre d'une
ruche vide, dans laquelle on fait monter les abeilles;
puis, on fait la même opération en taillant, parfois,
quatre ou cinq rayons tout entiers, laissant les autres
pour les provisions d'hiver. Dans les ruches communes,
on force, au moyen de la fumée, les abeilles à se réfu-
gier au haut de la ruche; on la renverse, et, avec le
cératome, on détache les demi-rayons qui sont sur les
côtés, et quelquefois les seconds. Les baguettes sont
parfois un obstacle à cet enlèvement, aussi faut-il laisser saillantes celles qu'on y met, afin de les retirer à

propos ; les abeilles gênent bien plus et rendent cette ré=
colte très-difficile et fort laborieuse. Dans nos ruches, on
met tous les cadres sur le casier, puis, on choisit parmi
eux ceux qui contiennent le plus de miel, parmi lesquels on peut de suite en prendre cinq.

Pour se débarrasser des mouches qui couvrent les
rayons, on porte chaque cadre sur l'entrée de la ruche,
et, frappant légèrement sa partie supérieure avec le
couteau, elles déguerpissent au plus vite ; puis on enlève promptement le rayon, en le coupant tout autour
du cadre. Si la partie inférieure contient du couvain,
on détache le cadre de son liteau, et l'on met au-dessus
ce qui était au-dessous. Tous les rayons enlevés, on
remet les cadres dans la ruche, de manière à ce qu'il y
en ait un plein entre deux vides. Cette opération est
sans doute un peu longue, mais on est sûr de ce que
l'on fait ; et combien de fois n'avons-nous pas remis à
un autre temps la taille des ruches très-lourdes qui,
cependant, ne contenaient que du couvain.

Lorsque l'on n'asphyxie pas les abeilles, soit par la
fumée de vesce de loup que l'on fait brûler sous la ruche ou dans un enfumoir, soit en les privant d'air, on
doit opérer à midi, heure à laquelle il y en a le moins
dans la ruche ; on la porte à l'ombre, dans une cave,
dans une charmille, ou un cabinet exprès, et on en met
une autre à sa place, pour recevoir les abeilles qui reviennent des champs et celles qui s'échappent pendant
l'opération ; mais il faut être prudent, parce que, surprises de ne plus trouver leur intérieur, elles croient
s'être trompées et se jettent dans les ruches voisines où

elles se font massacrer. Aussi est-il d'une bonne pratique de fermer, la veille au soir, toutes les ruches en les couvrant de draps mouillés pour les garantir de l'ardeur du soleil.

Si on asphyxie les abeilles, il faut, de toute nécessité, les avoir renfermées la veille pour les posséder toutes au moment de l'asphyxie. On peut et on doit n'opérer alors que dans l'après-midi. Chaque ruche châtrée avec réserve et prudence, est remise à sa place, on laisse les entrées ouvertes pendant un quart-d'heure, puis on les ferme pour ne les r'ouvrir qu'à la nuit, car les abeilles du voisinage, attirées par l'odeur du miel, viendraient faire un ravage d'autant plus facile que les domicilières, occupées elles-mêmes à lécher le miel qui ruisselle, ne se défenderaient pas. Tous les rayons sont ensuite soumis à la pression, ou mieux, placés sur un canevas tendu dans une boîte couverte d'une vitre et exposée au soleil : la chaleur qui pénètre est telle que la cire fond et passe avec le miel; le soir on l'en purge en le mettant sur un tamis de soie, et le lendemain on fait fondre la cire dans très peu d'eau pour la former en pains.

SOINS

A DONNER AUX ABEILLES

Pendant le mois d'août.

———

On a dû en juillet continuer la chasse aux papillons, et surveiller l'établissement de leurs larves dans les gâteaux, qu'on ne peut que constater dans la plupart des ruches sans pouvoir les détruire, tandis que dans celles à cadres il ne peut s'y en trouver que par la parèsse et la négligence de l'apiculteur, puisqu'il lui est si facile de les voir et de les enlever du point qu'elles attaquent. C'est la seule ruche qui permette leur destruction, et cet avantage est tel, qu'il doit faire oublier le prix qu'elles peuvent coûter, et le temps peut-être un peu long que l'on met à faire les récoltes.

En août on continuera encore cette surveillance, et si les chaleurs sont trop vives, on tiendra le côté Est de la ruche entr'ouvert, ou remplacé par une toile métallique. Les ruches rondes seront exhaussées sur des cales et toutes couvertes de branchages, ou même de surtouts en paille qu'on aura le plus grand soin de visiter souvent, parce que toutes sortes d'ennemis s'y logent.

Les essaims des pays de bruyères qui ont commencé à sortir en juillet, continuent de le faire dans ce mois-ci, et se récoltent comme ceux du printemps. Nous réparerons ici un oubli que nous avons fait en parlant du mariage des essaims faibles: c'est d'enfumer les abeilles de la ruche où l'on veut en introduire de nouvelles. On dégage la fumée de bouse de vache bien sèche, de crottin de cheval, de vieux linges, mis entre deux tuiles creuses avec des charbons ardents sur lesquels on souffle ou que l'on tient dans la direction du vent. Les Romains mettaient ces matières sur un réchaud qu'ils couvraient d'un entonnoir en terre cuite, enfumoir bien simple et bien moins coûteux que celui que nous avons fait représenter dans la 4me édition du *Guide*.

Si la saison a été favorable, les brèches qu'on a faites dans le mois précédent sont réparées, et l'on peut enlever de nouvelles provisions; on doit surtout le faire avant la fleuraison du sarrasin ou blé noir, afin d'avoir du miel de meilleure qualité que celui que fournit cette plante. Il se présente ici une grave question: c'est celle de la nécessité de détruire les abeilles. L'apiculteur est fort embarrassé à ce sujet. — S'il ôte du miel à ses abeilles, et qu'il habite un pays où il ne se

fait aucune culture d'automne, telles que : sarrasin, na-
vette, il n'en peut prendre que très-peu, car ses abeilles
passeraient difficilement le reste de l'été, tout l'automne
et l'hiver ; aussi dans les pays de cultures printannières a-t-on pris le parti de tuer les mouches
d'un certain nombre de ruches, afin d'avoir plus
de miel et de conserver tout entières un certain
nombre d'autres pour repeupler le rucher l'année sui-
vante.... Mais les propriétaires d'abeilles commettent
deux fautes à ce sujet ; la première, de ne massacrer
leurs mouches que fin de septembre ; car s'ils veulent
s'en donner la peine, ils verront que depuis les premiers jours d'août jusqu'à cette époque, leurs ruches
vont toujours en diminuant de pesanteur. Et puis, ce
sont les vieilles ruches, celles qui ont essaimé, qui sont
détruites ! erreurs des plus funestes, puisque c'est dans
ces vieilles ruches que naît une nouvelle reine après le
départ de l'essaim qu'elle a jeté ; ensuite ces mêmes
ruches fournissent beaucoup moins de cire, et sont souvent remplies de pollen qui, accumulé tous les ans en
trop grande masse, y vieillit et s'y détériore. Nous
avons vu une ruche précieusement gardée pour la récolte, dans laquelle on trouva 25 livres de cette inutile
matière.

Comment donc faire si le pays ne peut nourrir tous
les essaims. Il y a longtemps qu'en Belgique, dans quelques pays de l'Allemagne, on fait voyager les abeilles
d'une contrée où les fleurs sont épuisées dans une autre
où elles commencent à paraître. Ce n'est qu'en 1720,
qu'un nommé Proutault, d'Yèvre-la-Ville, entreprit de

châtrer ses ruches pleines de miel recueilli sur les lu-
zernes, sainfoins et fleurs printannières, et de les porter aux pays de landes, de bruyères, de ronces et d'épi-
nes, où l'on cultive le sarrasin, plantes qui ne fleurissent qu'en août et septembre, et où ses mouches
faisaient de nouvelles récoltes. — Cette ingénieuse pratique lui réussit à merveille, elle a été imitée par ses
voisins, et, malgré la difficulté des transports, elle s'est
généralisée dans la Normandie et la Beauce, qui, en août,
voiturent un nombre immense de ruches jusqu'aux extrémités de la Sologne, d'où elles sortent chargées de
nouvelles et abondantes provisions. Aujourd'hui que
les chemins de fer facilitent ce déplacement, on devrait
étendre cette pratique à d'autres contrées.

Un second moyen de ne pas tuer les abeilles serait
de transvaser les abeilles de la ruche dont on veut
enlever le miel, et de les marier à une autre que l'on
conserverait tout entière. Cette ruche, quoique très-
peuplée, ne dépenserait cependant pas beaucoup plus,
et ferait au printemps d'abondantes provisions, jetterait
de beaux et précoces essaims. Il nous a été assuré par
un digne aumônier de Cholet, que cette pratique était
suivie avec plein succès par un cultivateur de l'arrondissement de Beaupreau.

SOINS

A DONNER AUX ABEILLES

Pendant le mois de septembre.

Dans les pays de landes, et par un temps favorable, on peut dégraisser, tailler les ruches, faire de la place à de nouvelles provisions ; mais si l'année a été malheureuse, si les ruches ne sont pas bien approvisionnées, il faut déjà nourrir celles que l'on veut conserver, celles dont la reine n'a pas quatre années. Ces pansements demandent les plus grandes précautions à cause du pillage qui a souvent lieu à cette époque ; aussi serait-il bon de mettre les ruches dans des celliers frais et obscurs pendant le temps que les abeilles mettent à monter les vivres dans les magasins, et de ne les remettre dehors qu'alors qu'elles ne répandent plus qu'une odeur commune.

C'est en ce mois qu'on doit opérer les mariages des essaims qui seraient restés trop faibles, et qu'une espérance déçue aurait fait mettre dans des ruches à part. On en peut mettre jusqu'à trois ensemble, suivant les préceptes indiqués précédemment. Pour les pratiquer avec nos ruches, rien de plus simple : on met les abeilles en état de bruissement dans les deux ruches, puis, enlevant les cadres dont les rayons sont les moins grands, les moins bien approvisionnés, on met ceux qui le sont le plus dans la ruche qu'on veut ajouter à l'autre, on sait l'âge de ses reines et on détruit la plus vieille que l'on trouve aisément sur les rayons ; les abeilles qui restent sur les parois de la ruche en sont chassées avec les barbes d'une plume.

Nos ruches ainsi que celles à hausses présentent à cette époque une ressource bien précieuse pour se monter rapidement d'abeilles. — Dans le temps des récoltes on a dû en ménager quelques-unes et, achetant à très-bas prix les abeilles de ceux qui les détruisent, on partage les rayons d'une de ces ruches pour en monter une autre dans laquelle on met les abeilles, en leur donnant un cadre vide mettant deux hausses de moins, ou rétrécissant la ruche à cadres.

La négligence avec laquelle on surveille les essaims fait qu'il s'en perd beaucoup. C'est dans le mois de septembre qu'on doit en faire la recherche pour s'emparer des provisions que les mouches ont accumulées dans des troncs d'arbre, des trous de murs, des cheminées, etc. Mais, avant de pénétrer dans leur sanctuaire, il est bon de les endormir avec de la fumée de vesse de loup et, afin de n'être pas troublé, agir de grand matin, avant qu'elles ne sortent. Si l'arbre est largement ouvert, on déchire les gâteaux comme dans les bournets, avec une grande cuillère de fer recourbée, et forte. Ou bien, si l'arbre vous appartient, on lui fait une longue et large entaille, au devant de l'établissement des gâteaux.

On pourrait, avant cette opération, s'emparer d'un grand nombre d'abeilles pour les marier à quelques ruches. Pour cela, on porterait dans le voisinage une ruche vide dont les entrées seraient garnies en dedans d'une soupape légère que les abeilles pousseraient pour entrer, mais qui, en retombant, les empêcherait de sortir. Cette ruche serait parfumée de miel et de cire, ce qui ne manquerait pas de les attirer, et cette chasse, faite pendant plusieurs jours de suite, en procurerait beaucoup. Bien entendu que cela ne peut se faire que très-loin d'un rucher.

Mais quand on ne sait pas où sont ces essaims sauvages, voici le moyen qu'Olivier de Serres indique, d'après Columelle, pour les trouver : Il y a encore des journées chaudes dans ce mois ; les eaux sont rares et recherchées avec avidité par les abeilles : lorsque vous arrivez près d'une mare d'eau bourbeuse où les abeilles viennent se désaltérer, ayez un tube creux, un gros roseau, par exemple, comme celui dont on se sert pour allumer les cierges ; creusez-le, faites lui une ouverture

par laquelle vous introduirez du miel ; les deux bout
seront bouchés soigneusement ; placez cette sorte de
piége là où les abeilles s'abattent, elles ne manqueront
pas d'y pénétrei. Quand vous verrez qu'il en est entré
un certain nombre, prenez votre roseau, mettez le
pouce sur l'ouverture, puis tournez-vous vers la campagne ; levez le pouce pour qu'il en sorte une abeille,
et refermez de suite pour tenir les autres prisonnières.
Vous suivez la première sortie aussi loin que vous le
pouvez : Elle se dirige nécessairement veis sa ruche
naturelle. Au moment où vous la perdez de vue, vous
en lâchez une autre qui vous approche encore d'avantage du but ; puis une troisième et d'autres, si cela est
nécessaire, et vous découvrez enfin leur retraite... On
pourrait, ce me semble, rendre l'abeille plus longtemps
visible en lui attachant un fil léger, comme les sauvages
de la Californie le font aux guêpes.

Nanti d'ustensiles convenables, vous attaquez les
provisions comme nous avons dit.

Si vous avez une ruche d'observation, il faut remettre les abeilles dans une ruche en bois, afin que le
froid ne les fasse pas périr.

SOINS

A DONNER AUX ABEILLES

Pendant le mois d'octobre.

Le mois d'octobre doit être consacré à assurer aux abeilles les subsistances convenables pour passer l'hiver, car il ne faut pas attendre cette rude saison pour les nourrir, et si elles souffraient au commencement du printemps, ou pendant les douces températures de certains hivers, elles s'en ressentiraient toute l'année. Vous avez déjà commencé à panser quelques ruches faibles, continuez pendant ce mois jusqu'à ce qu'elles pèsent au moins 12 livres en miel ; ne craignez pas d'en laisser 18 et 20 livres même, elles n'en abuseront pas, et vous retrouverez l'excédent à vos premières récoltes. Vous supprimerez les hausses inférieures pour rétrécir la ruche et ménager la chaleur. Vous aurez conservé quelques calottes, cabochons ou hausses bien garnies de miel, que vous mettrez sur les ruches qui ne vous paraîtraient pas suffisamment approvisionnées. Je préfère les hausses du milieu de la ruche pour cette circonstance, parce qu'elles contiennent du pollen dont une ponte précoce pourra exiger la présence. Vous enlèverez toutes les cires inférieures qui sont parfaitement inutiles, et qui se mouillent lorsqu'elles touchent à la table inférieure, et contiennent le plus souvent des œufs de fausse teigne. Le grand art de réussir avec les abeilles est d'avoir des essaims forts, aussi ne négligez aucune occasion de les augmenter. Nombreuses, les abeilles mangent beaucoup moins que lorsqu'elles sont en petit nombre. Vous viderez les ruches évidemment trop faibles, ne croyez pas qu'à force d'efforts vous puissiez les sauver ; il y a chez elles un vice radical, irrémédiable, la reine est trop vieille ou atteinte de quelque infirmité ; sacrifiez aussi celles qui ont conservé leurs mâles et à qui vous n'avez pas donné les moyens de se procurer une nouvelle reine. Il arrive, en ce mois, que quelques essaims partent, abandonnent leur habitation ; si vous parvenez à les reprendre, emparez-vous de la reine et coupez lui les ailes d'un côté. Cette circonstance se présente aussi parfois dès le mois de mars : suivez la même pratique, qui était très-usuelle chez les anciens. Vous ôterez aussi de vos ruches à compartiments verticaux, les cires vieilles, noircies, mais vous aurez toujours le soin qu'il n'y ait jamais qu'un cadre de vide entre deux pleins. Si vous avez des surtouts en paille, planche, pierre, vous en visiterez le dessous, on y trouve souvent des lézards, des fourmis, des araignées et autres animaux pernicieux aux ruches. A l'époque des vendanges, vous ne laisserez pas sortir vos abeilles, que les vendangeurs détruiraient en grand nombre; s'il fait bien chaud, vous les abriterez.

Les propriétaires qui n'ont que très-peu d'abeilles, ont pu garder leurs rayons dans des pots de grès pour en obtenir le miel et la cire, quand ils en auraient suffisamment de réunis. — Comme le soleil ne peut alors faire couler le miel, on couvre la boîte d'une feuille de tôle, sur laquelle on met des braises ardentes, miel et cire, tout passe ensemble; trop de chaleur est inutile, mais ne nuit aucunement à la qualité du miel, qui ne s'en durcit pas moins bien, comme nous nous en sommes assurés en le portant jusqu'à l'ébullition. La cire pourra se vendre immédiatement, mais le miel a besoin de repos pour se durcir. Celui obtenu par notre procédé n'écume pas, n'a pas d'ordures à pousser à sa surface; on peut donc en remplir complètement les caques ou pots dans lesquels on le met. — On devra le couvrir d'une lame de plomb pour empêcher l'humidité d'y pénétrer.

Lorsque l'on travaille le miel en grand, il ne faut pas perdre les eaux dans lesquelles on se lave les mains et les instruments dont on s'est servi. Mises dans des barils et exposées sur un four souvent chauffé, elles fermentent et se convertissent en une boisson connue sous le nom d'hydromel, que l'on fabrique d'ailleurs dans tout le Nord avec les miels achetés en Bretagne et à Bordeaux.

Il y a deux sortes d'hydromel, le simple et le vineux. Le premier se fait avec du miel cru, en froissant avec les mains des gâteaux de miel blanc dans de l'eau de rivière, de fontaine ou de bon puits ; on lave même dans cette eau les paniers ou tamis dans lesquels on a passé le miel ; on ne proportionne ni le miel ni l'eau dans cette préparation, parce que les doses dépendent des personnes qui veulent faire un hydromel plus ou moins fort et agréable. La cire des gâteaux écrasés surnageant, on l'enlève avec une écumoire, et après avoir laissé reposer cette mixtion pendant quelques heures, on la verse dans des bouteilles de verre épais, ou dans des cruches de grès ou de terre ; on les place dans un endroit chaud, comme sur un four de boulanger, ou on les exposent à l'ardeur du soleil, surtout pendant la canicule, après avoir couvert le trou d'un linge, d'un cornet de papier ou d'une feuille de vigne, car si on les bouchaient elles casseraient par la force de la fermentation. Cette boisson bout comme du vin nouveau, et quand elle ne travaille plus, on bouche bien les bouteilles qu'on met à la cave. La quantité de miel ne fait pas cette liqueur plus mauvaise, mais on la rend aussi forte ou aussi légère que l'on veut, en augmentant ou en diminuant la dose du miel.

L'hydromel vineux demande plus d'attention, sa base est toujours le miel et l'eau, mais avec une dose

proportionnée, car sur trente pintes d'eau il faut dix
livres de miel, mais on peut en mettre moins, comme
un quart et même dix livres sur soixante pintes. —
On fait bien délayer et mêler le tout dans un baquet
ou chaudron de cuivre étamé ; on le fait bouillir dans
l'instant, et on verse cette liqueur, d'abord qu'elle est
cuite suffisamment, dans d'autres vaisseaux pour qu'elle
ne prenne pas goût de cuivre. On la fait bouillir à petit
feu jusqu'à ce qu'elle n'écume plus, ou que l'écume en
soit très-blanche ; on a grand soin de la bien écumer
pour n'y point laisser d'ordures, on peut la passer
ensuite par un linge propre ou sur un morceau de
laine serrée et poilue. Pour clarifier encore mieux cette
liqueur, on peut casser des œufs frais, dont on prend
les blancs et les coquilles cassées et battues ensemble, qu'on y jette pendant qu'elle boût ; on les
en retire après la cuisson avec l'écumoire ou en filtrant
la liqueur. Pour connaître si elle a son degré de cuisson, on y jette un œuf frais entier, dès qu'il
surnage sans retomber au fond, c'est un signe qu'elle
est cuite suffisamment ; on la verse dans un tonneau
qui a été lavé à plusieurs reprises avec de l'eau bouil-
lante et rincé avec trois ou quatre bouteilles d'excellent vin, ou de l'esprit de vin ; on verse la plus grande
partie de cette liqueur dans un de ces vaisseaux, qu'on
remplit totalement ; on a soin de réserver pour le rem-
plissage ce qui reste dans des bouteilles ou cruches,
bouchées simplement avec un morceau de papier ; on
place tous ces vaisseaux dans une étuve, où on entre-
tient une chaleur suffisante, ou sur un four, ou au so-

leil de la canicule, pour faire fermenter la liqueur pendant six semaines, aussi fort que du vin nouveau bien fameux ; on a soin de remplir à mesure qu'il en est besoin, sans remuer ni changer de place le baril. Celui obtenu par l'action du soleil est bien meilleur.— Quand cette liqueur est calmée, après la fermentation, qu'elle ne jette plus d'ordures, que le vaisseau reste bien plein, on descend le baril dans la cave, où on le laisse tranquillement passer l'hiver, après avoir mis le bondon garni d'un linge.

L'hydromel est composé suivant le goût des personnes, en y ajoutant différents ingrédiens ; les uns y mettent de la canelle ou clou de girofle, d'autres y mettent un cinquième de jus de coing, des fleurs de sureau, des fleurs de vigne, de *toute-bonne* ou orvale, cueillies et séchées en leur saison. Ces fleurs donnent un goût de muscat le plus parfait. D'autres personnes coupent un citron en quatre, le jettent dans le tonneau ; d'autres, des framboises, des fraises bien mûres, puis, lorsqu'il est assez clair, on le met en bouteilles.

C'est avec le miel qu'on parvient à faire des vins semblables à ceux du Midi ; on reconnaît cette falsification en trempant le bout de son doigt dans le vin et ensuite dans l'eau ; s'il y a fraude, il se forme un nuage autour du doigt, mais au goût on ne peut la reconnaître.

Tels sont les soins, et d'autres encore qui varient
suivant les lieux et les temps, qu'il faut que le propriétaire d'abeilles leur donne; et celui qui les cultive depuis longtemps sait fort bien qu'ils ne suffisent pas pour
obtenir de ces laborieux petits animaux tout le profit
qu'on en peut retirer... Malgré toute leur activité,
les mouches à miel peuvent-elles récolter si elles ne
sont pas dans de bons pâturages, dans des lieux constamment fleuris ? Aussi les anciens, très-anciens, à qui
le miel était si nécessaire, et qui, pour le culte de leurs
divinités, faisaient un si grand usage de la cire, pénétrés
de cette vérité, faisaient voyager leurs abeilles d'une
campagne qui cessait d'être fleurie, dans une campagne où les plantes commençaient à jeter leurs premières
fleurs. Cet usage, nécessaire à la première multiplica-
tion des ruches, à leur conservation, se retrouve dans
quelques contrées de l'Allemagne, et n'existe en France
que depuis une centaine d'années. Aujourd'hui que nos
voies de communication sont devenues si faciles, il est
indispensable d'en admettre le principe et de faire
voyager les abeilles des contrées si bien cultivées, dans
celles qui restent rebelles aux améliorations agricoles.
Les avantages de cette pratique sont si bien saisis dans

une grande partie de la Normandie, que c'est par milliers que les abeilles arrivent de cette province dans la stérile Sologne, des riches contrées du Calvados, dans le haut pays moins fertile, où les landes, les blés noirs, les forêts se trouvent.

Des ruches plus faciles à exploiter que la ruche commune sont aussi proposées depuis plus de cent cinquante ans, et si elles ne sont pas adoptées, un obstacle insurmontable jusqu'à ce jour, bien plus que la routine s'y oppose, c'est la douloureuse piqure, le redoutable aiguillon qui fait fuir les plus intrépides, incommode tout le voisinage, et fait périr un grand nombre d'abeilles.

Mais avant peu, cet obstacle, qu'on ne s'est pas assez occupé de combattre, aura nécessairement disparu et permettra enfin de suivre dans la culture des abeilles les principes, les procédés rationnels que nous nous sommes efforcés de faire connaitre par nos articles et par notre *Guide de l'Apiculteur*. Pour cela, il faut endormir les abeilles, et on peut le faire un grand nombre de fois sans altérer en rien leur santé, sans diminuer leur activité, une foule d'expérience nous l'a suffisamment prouvé. — Rien de si facile, de moins couteux. M. Loiseau, potier à Durtal, et M. Hervé, à Beaucouzé, près Angers (Maine et Loire), fabriquent des enfumoirs en terre cuite, qu'ils livrent au modeste prix de 75 centimes; M. Touron, ferblantier à Angers, en fait en tôle, qui sont plus solides et qui ne coûtent que deux francs. Ils sont représentés dans ce livre.

Sur une poignée de filasse ou d'étoupes quelconque, on répand 8 grammes de sel de nitre (salpêtre, nitrate de potasse, azotate de potasse) pilé bien fin ; on roule ces étoupes sur elles-mêmes ; on les met dans l'enfumoir dont l'extrémité antérieure est placée dans un trou pratiqué au deux tiers inférieurs de la ruche, on met le feu, on ferme et on souffle soit avec un tube, soit avec un soufflet. Au même instant, les abeilles tombent endormies, la ruche fût-elle séparée par quatre ou cinq planchers.

On lève la ruche, ou on sépare les hausses ; ou bien, si c'est une des nôtres, on l'ouvre et on opère sans gants et sans masque. Toutes les ruches deviennent faciles à exploiter, et tous les procédés peuvent être suivis tranquillement, sans aucun danger. Il faut opérer sous un arbre, dans une charmille, à l'ombre enfin, et loin du rucher. Une demi-heure après, elles reviennent à la vie. Le sel de nitre coûte 1 franc les 500 grammes, et il n'en faut que 8 à 10 grammes pour une ruche de 40 centimètres de capacité.

Si le choix d'un bon pâturage est indispensable, il faut encore qu'on leur vienne en aide. Que peuvent, en effet, les meilleures pratiques, les meilleurs instruments aratoires, les meilleures semences, contre l'importunité des saisons. Depuis 1850 elles ont toujours été contraires aux abeilles : ainsi, un hiver printanier, un printemps glacial, des étés pluvieux ou froids ont fatigué les abeilles dont le nombre a toujours été en diminuant, et l'année que nous parcourons leur a été tellement funeste que nous pouvons prévenir les apiculteurs que, s'ils ne redoublent pas de soins, ils ne leur en restera plus ou guère au printemps prochain.

Cette disette, qu'une quantité innombrable de guêpes est venue augmenter, nous a fait adopter un appareil pour le pansement, que nous nous empressons de faire connaître en terminant cet ouvrage.

C'est un filtre entièrement semblable à celui à café, dont le crible en toile métallique très-serrée est à 5 centimètres du bord inférieur. Nous pratiquons un trou à la partie supérieure de la ruche, nous le recouvrons de notre toile, et des centaines d'abeilles viennent y puiser l'aliment qui leur manque. Nous faisons cette boîte plus large que haute et capable de contenir 1 kilog; nous la scellons avec de l'argile ou du mastic de vitrier ou du pourget, et la remplissons par la partie supérieure que nous recouvrons avec un bon couvercle à emboîtement. Il a été impossible aux guêpes, ni aux fourmis d'arriver à notre boîte, forcés que ces ennemis étaient de traverser toutes les abeilles qui savaient bien s'en défaire.

Que les apiculteurs redoublent donc de soins; que les Comices, les Jurys des expositions continuent d'encourager les efforts, comme ils n'ont cessé de le faire à mon égard, et la France occupera bientôt le premier rang pour cette importante branche de l'agriculture.

ANGERS. — IMP. JULIEN LECLERF.

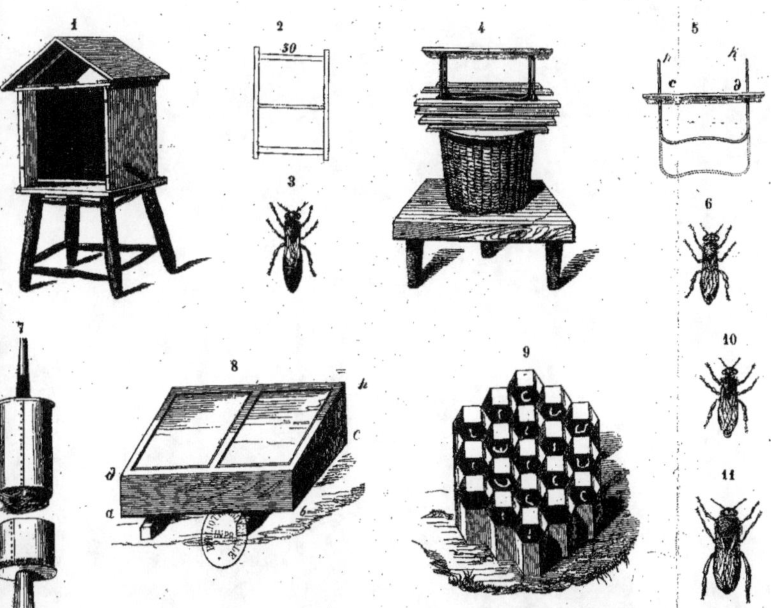

1. Ruche à cadre de champ. — 2. Cadre de la ruche de champ. — 3. Abeille mère. — 4. Ruche à cadre en osier. — 5. Cadre osier. — 6. Abeille nourricière. — 7. Enfumoir pour les abeilles. — 8. Boîte pour tirer le miel et fondre la cire, ou Mellificateur. — 9. OEufs et couvain de tout âge. — 10. Abeille cirière. — 11. Abeille mâle.

ERRATA.

Page **xi** Ligne 5. *Au lieu de* ligne, *lisez* signe.

— xiv — 14. — ou par, *lisez* et par.

— 2 — 10. — c'est, *lisez* l'est,

— 6 — 5. Pour recevoir la partie supérieure *du montant* du cadre

Page 6 Ligne 20. Après possible, *lisez* : ou avec une sorte de crémaillère dentée pour s'engrener dans la traverse inférieure des cadres, et les maintenir à distance jusqu'à ce que les constructions en approchent, car, alors, il faut enlever ce régulateur.

Page 10 Ligne 21. La virgule doit être après pollen.

— 11 — 18. *Au lieu* d'épaisseur, *lisez* longueur.

Page 11 Ligne 29. *Au lieu* d'épaisseur, *lisez* longueur.

Page 12 Ligne 17. *Au lieu de* butte, *lisez* lut.

— 19 — 15. — non pas, *lisez* non pas autant.

Page 19 Ligne 14. *Au lieu de* mais de, *lisez* que de.

— 22 — 1. Voir page 64 pour l'appareil du pansement.

Page 27 Ligne 5. *Au lieu* de grandes, *lisez* glandes.

— 48 — 21. Ajoutez et à la fin du Calendrier.

— 64 — 9. *Au lieu de* toile, *lisez* appareil.